L
MADE IN CHINA

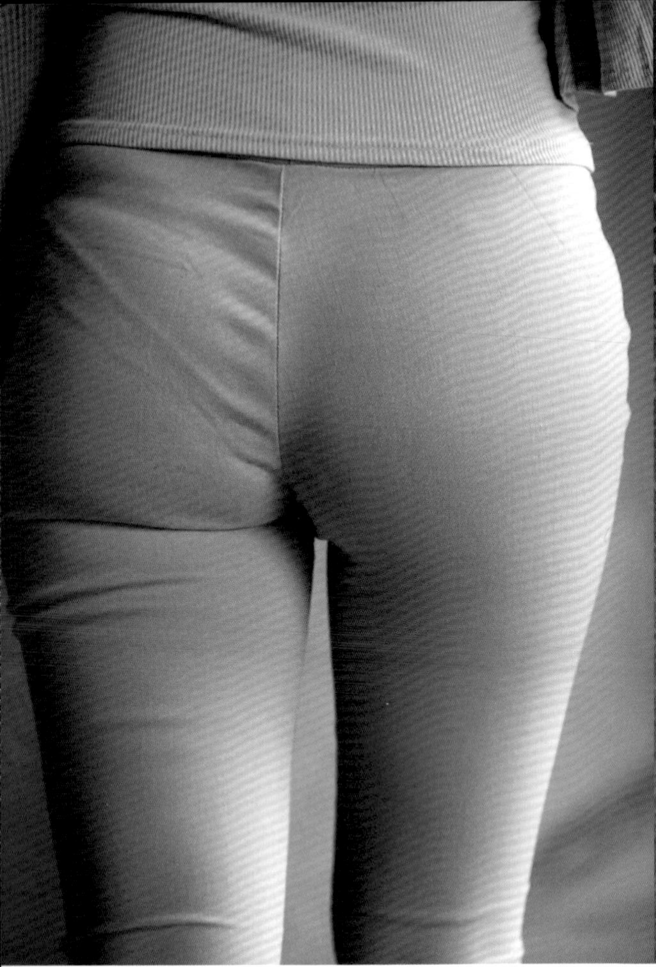

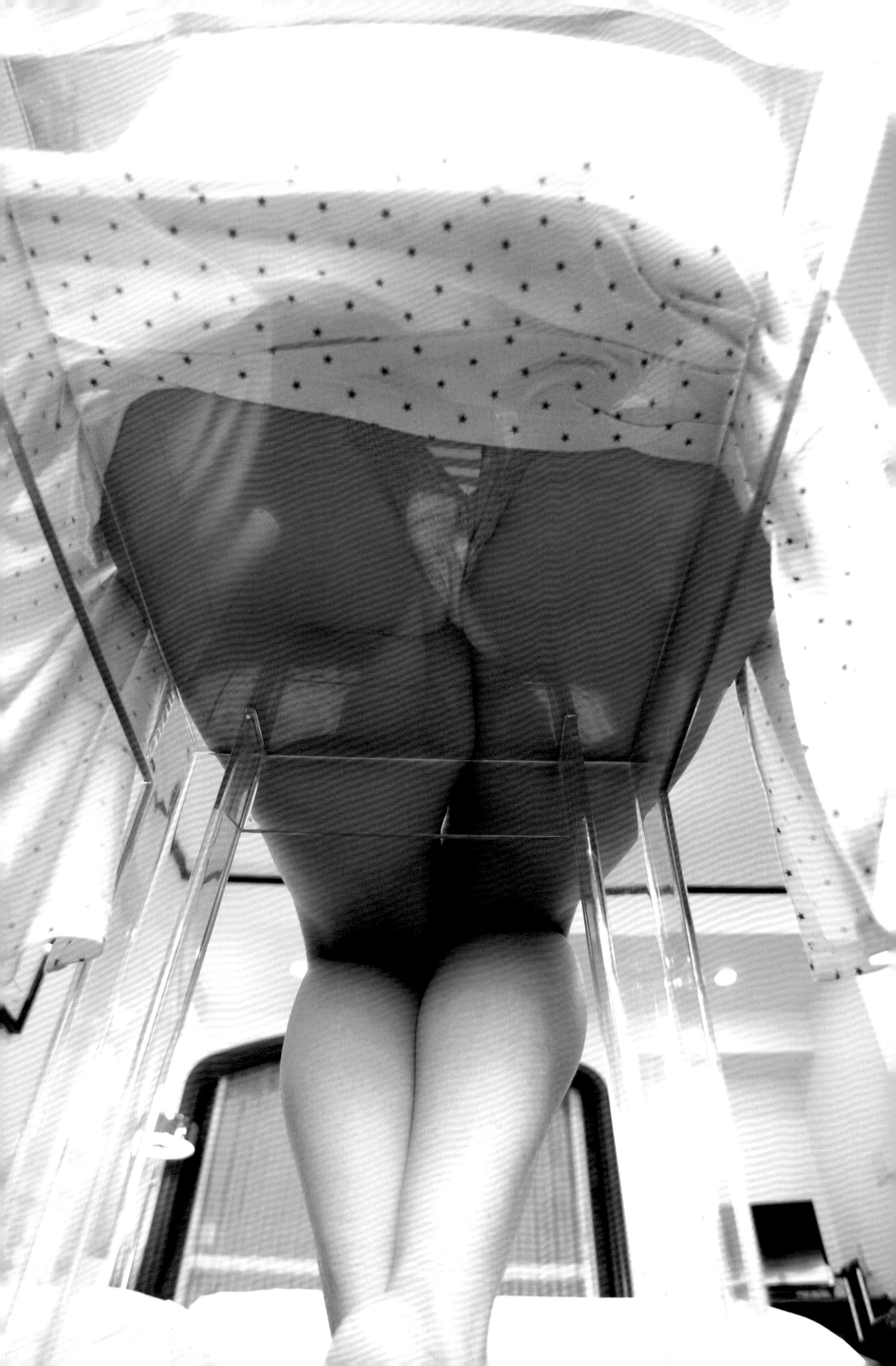

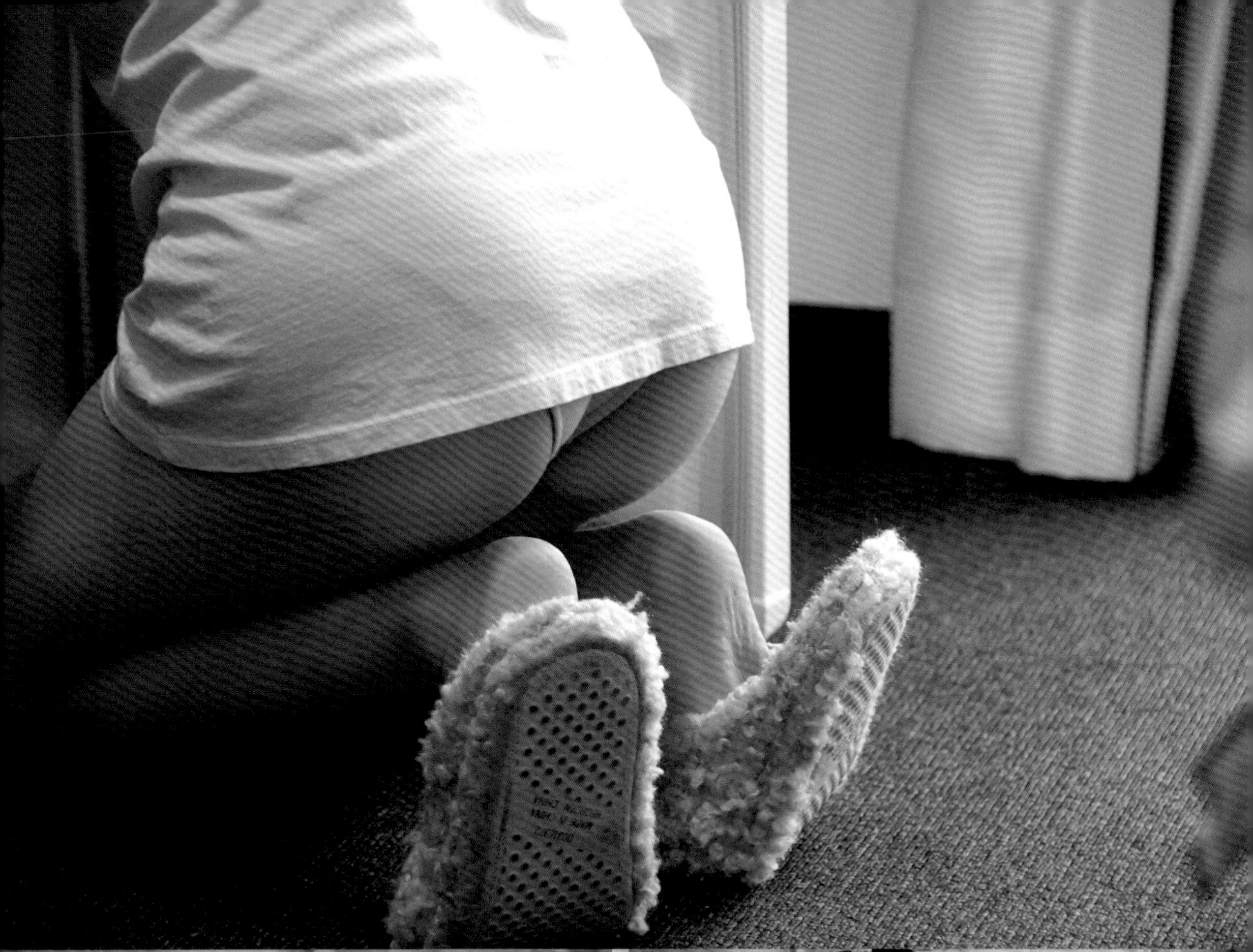

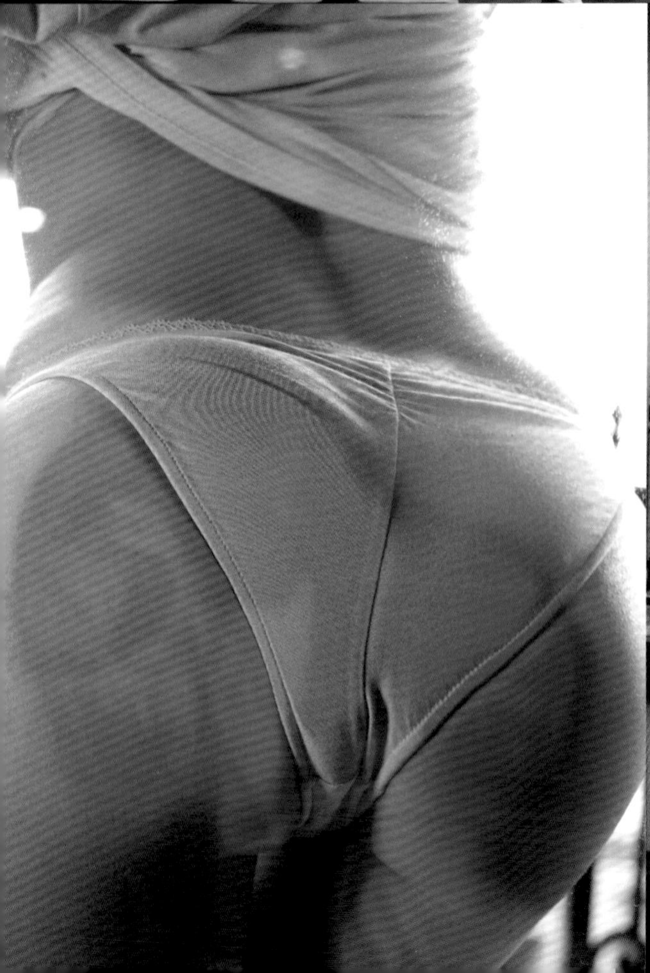

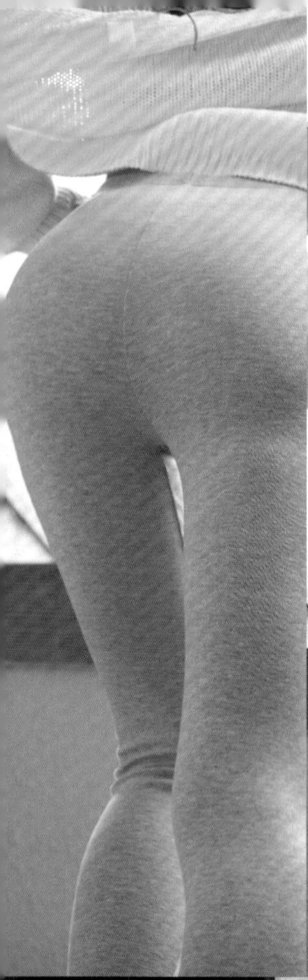
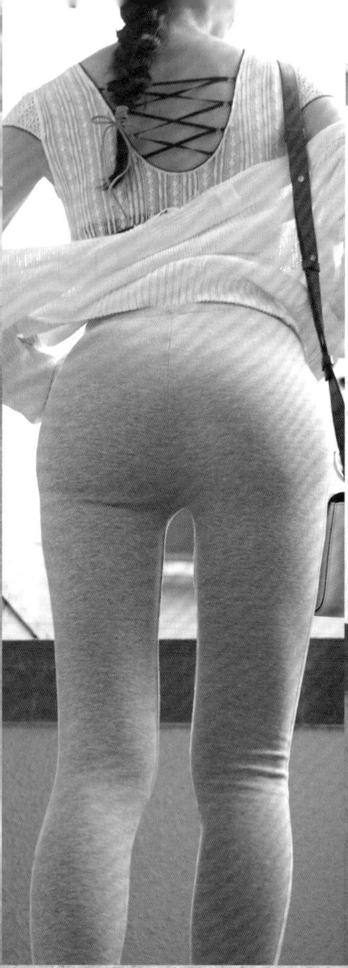

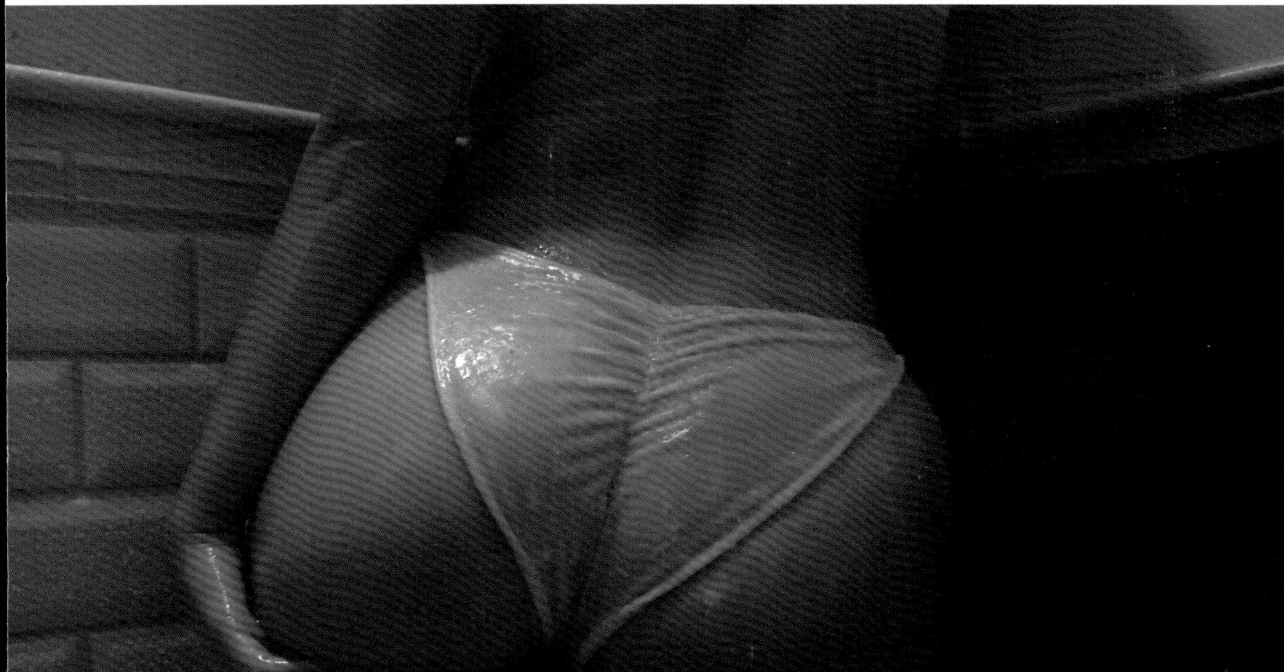

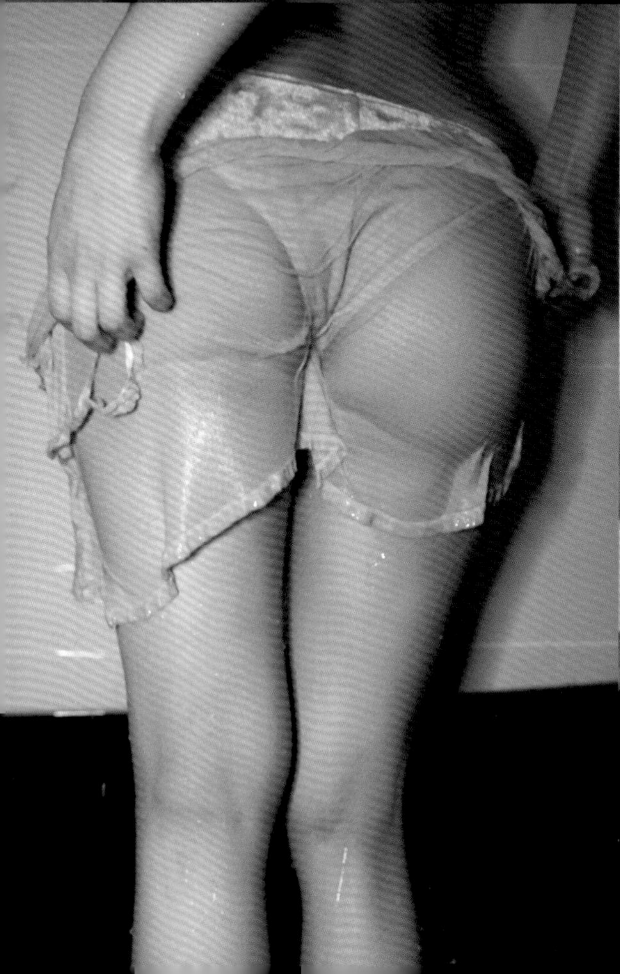

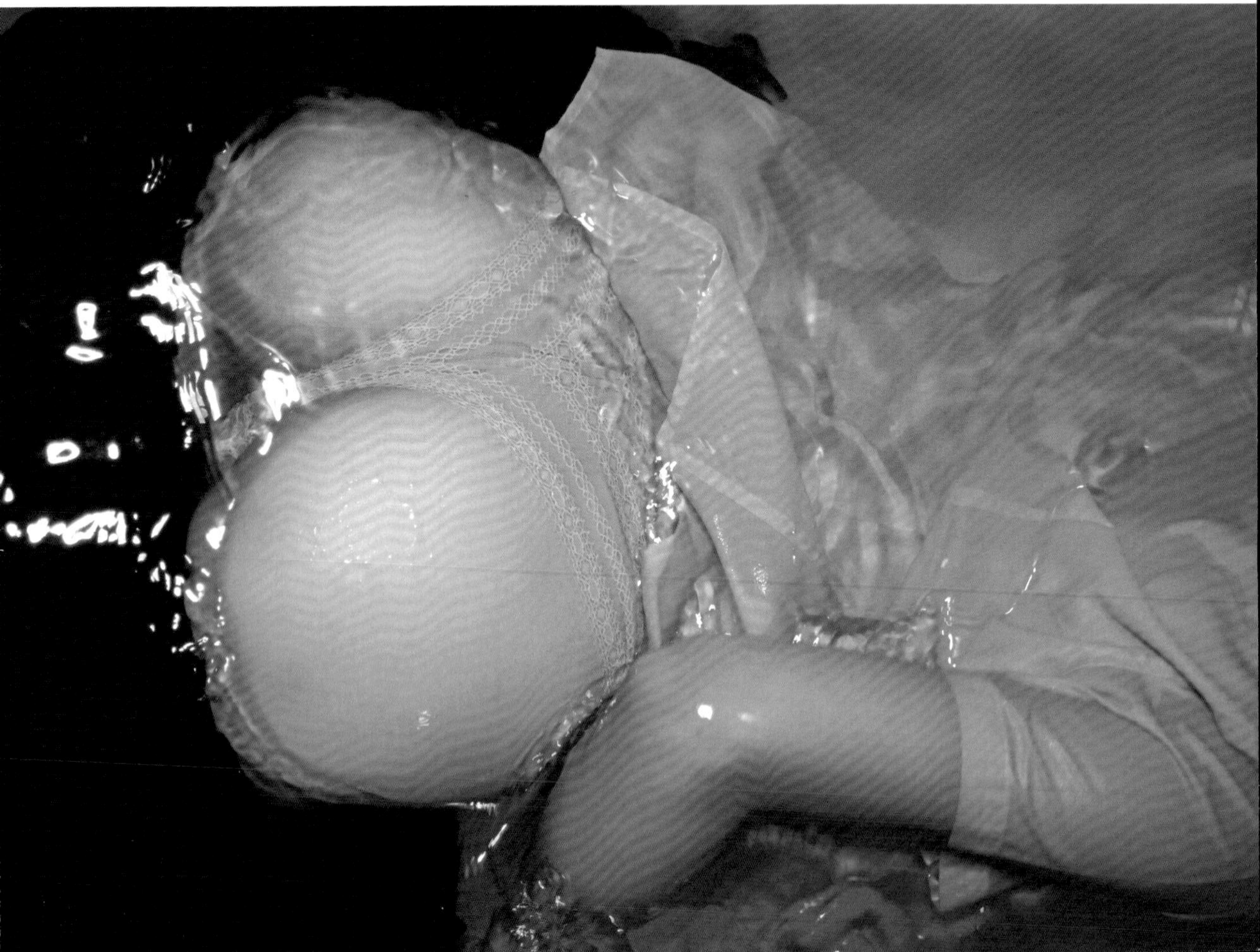

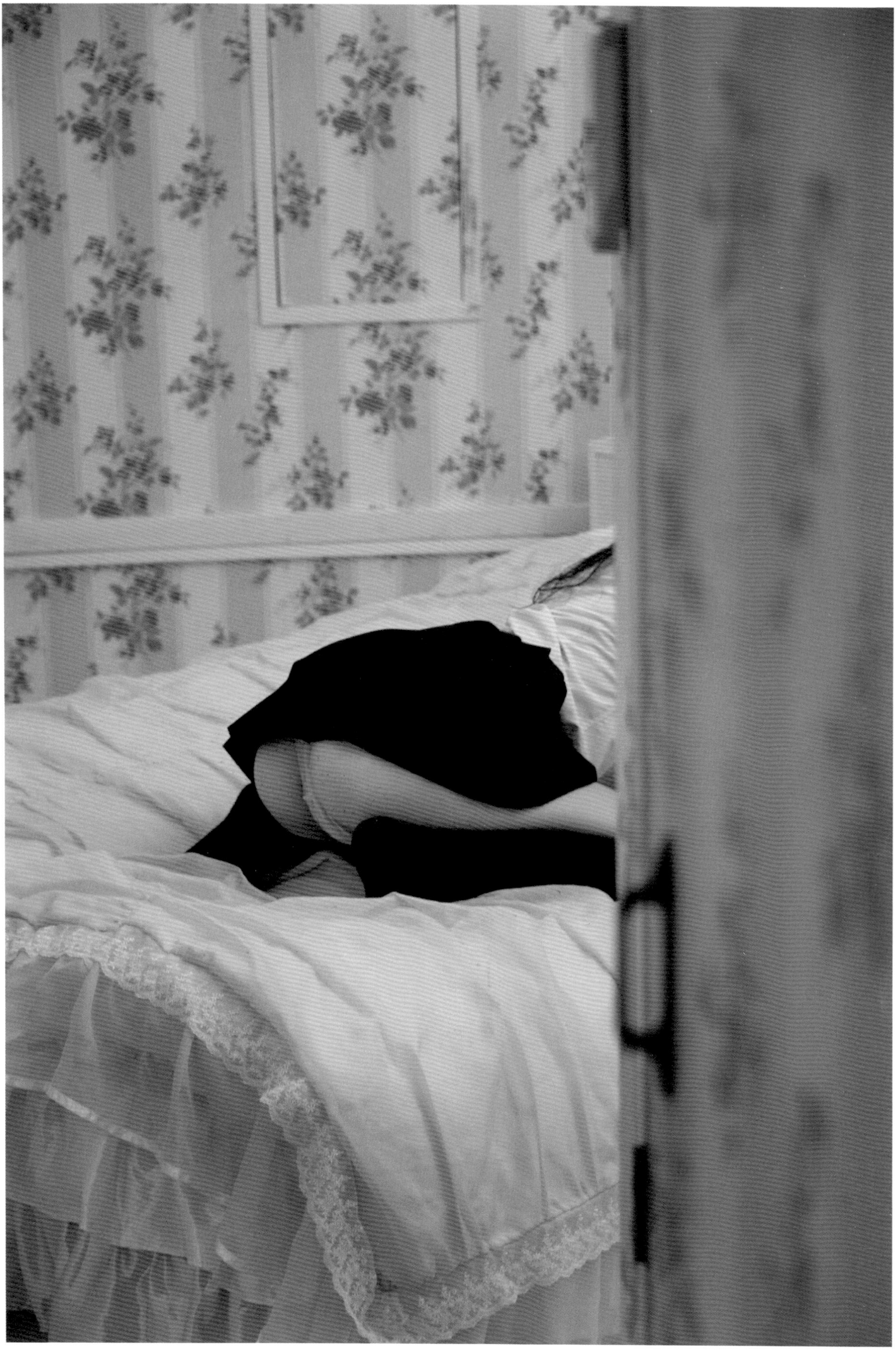

日文版STAFF

模特兒	片岡沙耶 九条ねぎ くりえみ 東雲うみ
服裝造型、設計	大橋みずな
服裝製作	馬木真美子
妝髮造型	小板橋沙紀（負責：片岡沙耶、九条ねぎ、くりえみ） Nico（負責：東雲うみ）
創意攝影	濱地剛久 今井卓
企劃、編輯	前田絵莉香
輔助編輯	伊東佑

極品桃臀寫真集
為臀控量身打造的完美聖典！

2021年7月1日初版第一刷發行
2024年3月1日初版第三刷發行

攝　　影　須崎祐次
編　　輯　魏紫庭
發 行 人　若森稔雄
發 行 所　台灣東販股份有限公司
＜地址＞台北市南京東路4段130號2F-1
＜電話＞(02) 2577-8878
＜傳真＞(02) 2577-8896
＜網址＞http://www.tohan.com.tw
郵撥帳號　1405049-4
法律顧問　蕭雄淋律師
總 經 銷　聯合發行股份有限公司
＜電話＞(02) 2917-8022